10分鐘

作者◎林美慧

家常**快炒**

簡單・經濟・方便菜100道

QUICK 002

灶腳流傳的美味撇步

快速忙碌的生活步調，造成了現代人全方位講求效率的生活方式。交通時間要短、工作效率要高；運動減肥效果太慢，乾脆去抽脂；下班後來不及做晚餐，只好買外食裹腹……總而言之，現今生活是個「速食」、「速成」的社會。

家常快炒．10分鐘上桌

凡事講求效率是現代人的生活習慣，但吃飯這件事卻是怎樣都快不得，所以很多人都選擇外食來解決兩餐甚至三餐。但外食通常都過於油膩，長期外食易導致肥胖且營養不均衡，衛生也堪慮，遠遠比不上自己在家吃得安心健康。所以如果要想吃得營養，同時卻也要講求快速的話，唯一能做的只有縮短烹調時間了。

累積了十數年的烹調經驗，也有感於現代人的生活作息改變，所以此次我們特地設計了100道10分鐘內即可輕鬆上桌的家常快炒，不僅顧及到菜色的豐富變化與營養，更可為忙碌的上班族婦女省下不少寶貴時間。

快炒的美味撇步

《10分鐘家常快炒》結合省時快速的烹調原則，正好符合了快炒的美味定義，因為只要是有經驗的煮婦煮夫們都知道，菜餚要好吃美味，大火快炒是秘訣之一，尤其青菜類更是如此。快炒店之所以煮得又快又好吃，快速爐的超強火力便是重點，然而在家庭只用一般瓦斯爐的限制下，要如何炒出一盤具快炒店水準的佳餚，以及如何處理各類不同食材並縮短烹調時間、增加美味，這些便是我想告訴大家的烹飪撇步。所以我衷心希望本書的推出，不僅能為各位忙碌的上班族煮婦減省一些寶貴的時間，更能幫助大家保有營養均衡的健康身體！

林美慧

前言
快炒三兩下、美味大不同

材料千變萬化

所有烹調技法之中，就以「炒」所能適用的材料最為廣泛，不論各式肉類、海鮮、蔬菜，都可以利用快炒作成佳餚。加上刀工的變化，使得菜色更為多元，一種材料就有數不盡的應用方式，豈有變不出千萬種的道理？

技巧一點就通

大抵上，炒的技巧不過就是熱油大火、爆香快炒。喜歡口味重一點，多選擇醬料或具有香辛味的配料一起炒；喜歡味道清淡的，就挑些新鮮的材料清炒出原味。多花點心思在配菜和刀工上，一定不輸飯店大師傅！

吃法任意隨性

認真觀察街坊小吃，一定不難發現快炒菜的蹤跡，正式宴客菜、自家晚餐餐桌、中午便當飯盒以及小餐廳裡喝杯小酒的人們桌上，一定都看得到。要是半夜肚子餓了，冰箱裡隨便抓點材料下鍋，再加現飯炒兩下，就是一盤夠隨性的宵夜！

烹調簡簡單單

對於職業婦女和小吃店老闆來說，快炒菜可算是最符合經濟效益的料理。事先將材料處理好，每道菜平均只要5到10分鐘就能完成。烹調時間短是「炒」菜最大的特色與優點，只要選材搭配得當，簡單的步驟也能品嘗出食物的華麗與樸實。

9　海味
Seafood

25　有餘
Fish

39 雞同鴨講
Chicken & Duck

53 牛肉場
Beef

CONT

ENTS

103 豆腐玩蛋
Tofu & Egg

美慧老師的
快炒秘訣

7

1 海味 Seafood

豆苗蝦仁
宮保魷魚
豆油魷絲
魷魚芹菜肉絲

豆豉蚵
蛤蜊絲瓜
鹽酥蝦
酥炸田雞
西芹蘭花蚌
醬爆蟹
爆炒山瓜子
蒜蓉蒸蝦

豆苗蝦仁

[材料] 蝦仁150公克（4兩）、豆苗300公克（半斤）

[調味1] 鹽1/4小匙、太白粉1/4小匙、蛋白1/3個

[調味2] 鹽1/2小匙、雞粉1/2小匙、酒1大匙

[做法]

❶ 蝦仁去腸泥，由背部劃開一刀，以少許鹽抓洗後擦乾，加調味料1醃過備用。

❷ 豆苗摘取嫩葉，洗淨瀝乾。

❸ 熱鍋加6大匙油，將蝦仁過油至變色後撈出，餘油加熱倒入豆苗大火快炒至軟，熗酒後加調味料2拌勻，裝盤時將蝦仁置於豆苗上即成。

[小撇步]
將酒沿鍋邊淋入使酒氣揮發引出酒香的做法稱之為「熗」。

感 受 鮮 美 滋 味 的 極 致 演 出

快炒秘訣——保鮮篇

各色海味在快炒之前大多會先汆燙或過油以保持鮮味與柔嫩，汆燙是比較方便的做法，在自家廚房操作起來也較順手，若是乾炒，汆燙後也能使材料維持適當的水分，使口感更嫩。過油或微炸則更能增添食物的香氣，並使材料容易吸收調味醬汁而更具風味，只要妥善處理事後炸油的問題，便能享受餐廳級的海味快炒菜！

11

宮保魷魚

[材料] 水發魷魚1隻、辣椒乾1/2碗、去皮蒜茸花生2大匙

[調味1] 酒1大匙

[調味2] 醬油4大匙、烏醋2大匙、糖1 1/2大匙、水4大匙、太白粉1小匙、香油1大匙

[做法]

❶ 魷魚洗淨後剝去外膜，由內面切出交叉花紋約8分深，切成4長條，再切成長方片，過水汆燙，立刻取出瀝乾。

❷ 熱鍋加3大匙油，小火爆香辣椒乾，熗酒後加調味料2燒開，放入魷魚卷燴炒片刻。

❸ 起鍋前加蒜茸花生拌勻即成。

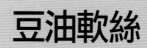

[小撇步] 同樣方法可做成宮保雞丁、宮保田雞、宮保鮮貝。

豆油軟絲

[材料] 軟絲（大透抽）1隻、蔥2支、辣椒1支、薑4片

[調味] 酒2大匙、日式醬油露4大匙、糖1/3小匙

[做法]

❶ 軟絲剝去外膜，清除內臟軟管後洗淨，切成圈狀。

❷ 蔥洗淨切成寸段，辣椒洗淨切斜片。

❸ 熱鍋後加4大匙油爆香蔥段、薑片及辣椒，熗酒後加入軟絲拌炒片刻，加入醬油露、糖燜煮至熟即成。

[小撇步] 軟絲外形像大透抽，尾端較圓，質地較柔軟甜美，以古早味做法較能吃出原味。

魷魚芹菜肉絲

[材料] 乾魷魚絲110公克（約3兩）、豬肉絲150公克（4兩）、芹菜300公克（半斤）、辣椒2支、大蒜2粒
[調味1] 醬油1大匙、水2大匙、太白粉1/2小匙
[調味2] 鹽1/2小匙、雞粉1/2小匙、香油1大匙

[做法]

❶ 乾魷魚泡軟（約2小時），以剪刀剪成絲；豬肉絲加入調味料1拌勻。

❷ 芹菜洗淨後去除硬梗及老葉，切寸段；大蒜去皮拍碎、辣椒洗淨切斜片。

❸ 熱鍋加6大匙油，放入豬肉絲炒至顏色轉白後取出，餘油爆香蒜末及辣椒，加魷魚絲拌炒片刻。

❹ 倒入芹菜及豬肉絲拌炒至芹菜熟軟，加調味料2拌勻即成。

[小撇步] 市面上可買到機器切的乾魷魚絲，方便且寬度一致。

13

豆豉蚵

[材料] 蚵450公克（12兩）、濕豆豉2大匙、蒜末1大匙、辣椒片1/2小匙、蔥末1小匙

[調味] 醬油、酒各1大匙、糖1/3小匙

[做法]

❶ 挑去蚵的硬殼，輕輕沖水洗淨，入滾水汆燙約2秒鐘，立刻撈出瀝乾。

❷ 熱鍋加1大匙油爆香蒜末、辣椒片，加入豆豉拌炒片刻。

❸ 沿鍋邊熗酒，加入汆燙過的蚵及調味料燴炒，起鍋前撒上蔥末即可食用。

[小撇步] 將蚵汆燙過再料理烹調可防止出水。

14

蛤蜊絲瓜

[材料] 蛤蜊300公克（半斤）、角瓜1條、蒜1粒

[調味] 鹽1/2小匙、雞粉1/2小匙

[做法]

❶ 清水加少許鹽（份量外）拌勻，將蛤蜊浸水靜置約半天以利吐沙。

❷ 角瓜洗淨刨去外皮，切成滾刀塊；蒜剝去外膜，切薄片。

❸ 熱鍋加3大匙油爆香蒜片，放入角瓜及蛤蜊拌炒片刻後，加4大匙水燜至角瓜熟軟、蛤蜊微開，加調味料拌勻即成。

[小撇步]
- 沾椒鹽食用味道更香。
- 拌點蛋黃再沾地瓜粉，更加酥脆。

酥炸田雞

[材料] 田雞1隻、蛋黃1個、地瓜粉1/2杯

[調味] 醬油3大匙、糖1小匙、五香粉1/4小匙

[做法]

❶ 田雞處理乾淨剁成小塊，與調味料拌勻。

❷ 將入味的田雞塊拌入蛋黃，再分別沾裹地瓜粉。

❸ 入油鍋以7分熱油（約170℃）溫炸至酥黃，撈出瀝乾油份即可盛盤。

鹽酥蝦

[材料] 草蝦或蘆蝦300公克（半斤）、蔥末、薑末、蒜末、辣椒末以上各1小匙、太白粉1杯

[調味1] 酒2大匙、鹽1小匙、胡椒粉1/2小匙

[調味2] 胡椒鹽1小匙

[做法]

❶ 蝦剪去鬚部及眼部，抽去腸泥，洗淨瀝乾後與調味料1拌勻醃4分鐘。

❷ 分別將蝦沾裹太白粉，入油鍋中以8分熱油（約180℃）大火炸至酥黃。

❸ 另熱鍋加1大匙油爆香蔥末、薑末、蒜末、辣椒末，加入蝦及胡椒鹽拌勻即成。

[小撇步]
■ 蝦入鍋炸時不要立刻攪動，否則粉會脫落。
■ 此道菜要炒至乾爽不留湯汁，否則口感會不夠酥脆。

西芹蘭花蚌

[材料] 蘭花蚌150公克（4兩）、西洋芹3支、辣椒1支

[調味] 鹽1/2小匙、雞粉1/2小匙、香油1大匙

[做法]

❶ 西洋芹洗淨切斜片，以滾水汆燙片刻，立刻取出瀝乾水份。

❷ 辣椒洗淨切斜片。

❸ 熱鍋加4大匙油爆香辣椒，放入蘭花蚌拌炒片刻，再加入燙過的西洋芹及調味料拌勻即成。

挑逗舌尖的香辣鮮脆

快炒秘訣—貝類篇

貝類最適合以大火快炒的方式烹調，這樣才能完全將鮮度表現得淋漓盡致，品嘗到最完美的一刻。下鍋之前別忘記要浸泡於鹽水中並持續浸水，放置一陣子後必須換水以維持水中的含氧量，這樣除了能使其充分吐沙，降低品嘗時嘴裡含沙的機率，另一方面也可防止貝類在下鍋前死掉而減低新鮮度。

[小撇步] 同樣做法可將山瓜子更改成任何貝類，例如海瓜子、粉蚌等。

爆炒山瓜子

[材料] 山瓜子600公克（1斤）、蒜末1大匙、辣椒1支、九層塔1把

[調味] 酒1大匙、醬油膏3大匙

[做法]

❶ 山瓜子洗淨瀝乾、辣椒洗淨切斜片、九層塔取嫩葉洗淨瀝乾。

❷ 熱鍋加4大匙油，爆香蒜末、辣椒片後熗酒，放入山瓜子拌炒。

❸ 蓋上鍋蓋燜煮至殼微開即加入醬油膏拌勻，起鍋前撒下九層塔拌勻即成。

醬爆蟹

[材料] 海蟹3隻、青蒜1支、蔥末1大匙、薑末1大匙、麵粉2大匙、辣椒末少許

[調味] 甜麵醬1大匙、水4大匙、醬油2大匙、糖1大匙、酒1大匙、番茄醬3大匙

[做法]

❶ 海蟹處理乾淨切小塊，分別沾上一層薄麵粉，入鍋以8分熱油（約180℃）炸至微黃後撈出備用。

❷ 青蒜洗淨切斜片；甜麵醬與水調勻，加入醬油、糖拌勻成醬料備用。

❸ 熱鍋加2大匙油，爆香蔥末、薑末、辣椒末後熗酒，加入番茄醬拌炒片刻。

❹ 倒入調勻的醬料燒開，再放入蟹塊、青蒜燴炒片刻即成。

蒜蓉蒸蝦

[材料] 草蝦8隻、蒜末2
大匙、蔥末1/2小匙、辣
椒末1/2小匙
[調味] 酒2大匙、蒸魚醬
油2大匙

[做法]

❶ 草蝦洗淨後剪去鬚部、抽去腸泥。

❷ 用剪刀從草蝦背部剪開（不用剝殼），攤開
排列於盤中。

❸ 將蒜末、蔥末、辣椒末分別鑲入蝦背，淋上
調味料，以大火蒸5分鐘即成。

[小撇步]
凡蒸任何食物，都是將水煮滾後，放入食材再開始計時。

掬取沁入脾胃的誘人清香

快炒秘訣 — 配菜篇

海鮮類的材料，在菜色
的搭配上適合簡單的蔬
菜或香辛材料，蔬菜可
以襯托出海鮮的清爽風
味，尤其搭配脆度高的
蔬菜，像是芹菜、芥
菜，更能凸顯出海鮮的
軟嫩。此外海鮮也很適
合與辛香配料一起入
菜，如紅辣椒、大蒜、
九層塔等，除了可去除
腥味，更能增添香氣與
鮮味，最能刺激食欲。

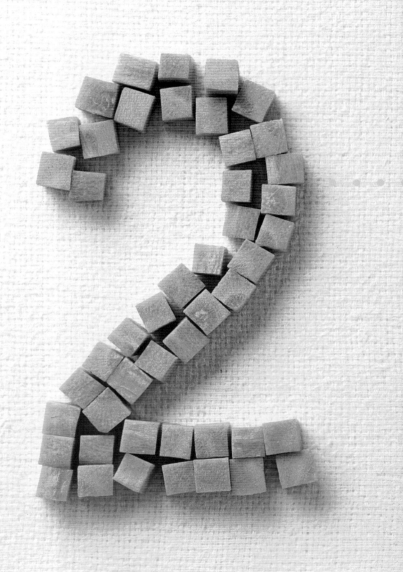

2 有餘 Fish

椒麻魚片
珍珠魚片
糸魚豆腐羹
豆瓣魚

樹子蒸豆仔魚
酥炸紅新娘
乾煎鯧魚
帶魚酥炒芹菜
魷魚燴北蒿
番茄魚湯
泡菜海鮮鍋

椒麻魚片

[材料] 鯛魚肉300公克（半斤）、花椒1大匙、辣椒乾1大匙、蔥段2支、太白粉2大匙

[調味1] 酒2大匙、鹽1/3小匙、胡椒粉1/4小匙

[調味2] 烏醋1大匙、糖1/2大匙、醬油3大匙、水3大匙、太白粉1/2小匙

[做法]

❶ 魚肉洗淨切片，與調味料1拌勻醃4分鐘。

❷ 醃好的魚片分別沾上一層薄太白粉，放入鍋中以7分熱油炸至微黃後撈出備用。

❸ 熱鍋加2大匙油，小火爆香花椒及乾辣椒，加入調味料2及蔥段燒開，放入魚片燴炒片刻即成。

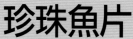

[小撇步] 鯛魚肉也可改用任何白色魚肉來代替。

珍珠魚片

[材料] 鯛魚片375公克（10兩）、罐頭玉米粒1/2罐、蔥末1大匙、太白粉2大匙

[調味1] 酒1大匙、鹽1/3小匙、白胡椒粉1/3小匙

[調味2] 鹽1/2小匙、雞粉1/2小匙

[做法]

❶ 鯛魚肉洗淨切片，與調味料1拌勻。

❷ 醃好的魚片分別沾上一層薄太白粉，入鍋以7分熱油炸至微黃後撈出備用。

❸ 熱鍋加2大匙油爆香蔥末，加玉米拌炒，放入調味料2與炸黃的魚片燴炒片刻即成。

蒜苗豆腐鯊

[材料] 豆腐鯊12兩（450公克）、青蒜2支、芹菜150公克（4兩）、辣椒1支

[調味] 酒1大匙、醬油2大匙、鰹魚粉1/2小匙、辣豆瓣醬1大匙、水4大匙

[做法]

❶ 豆腐鯊洗淨後去皮，切小塊。

❷ 青蒜洗淨切片、芹菜洗淨切寸段、辣椒洗淨切片備用。

❸ 熱鍋加5大匙油爆香辣椒，放入豆腐鯊拌炒，倒入調味料燒煮片刻，最後放入青蒜、芹菜炒軟即成。

豆瓣魚

[材料] 鯉魚或鯽魚1條
（約1斤）、蔥末、薑末、
蒜末以上各1大匙、太白
粉1小匙、蔥花少許

酒1大匙、辣豆
瓣醬1大匙

醬油2大匙、雞
粉1/2小匙、水1 1/2杯

[做法]

❶ 魚處理乾淨後洗淨擦乾，放入油鍋以小火煎至
兩面微黃取出。

❷ 熱鍋加3大匙油，爆香蔥末、薑末、蒜末，熗酒
後加辣豆瓣醬拌勻。

❸ 加入調味料2燒開，魚入鍋以小火燜煮5分鐘，
以太白粉調水勾薄芡，起鍋前撒上蔥花即成。

[小撇步] 樹子又稱「破朴子」，具有鹹味及甘味，因而不須再加其他調味料。

樹子蒸豆仔魚

[材料] 豆仔魚1條（約10兩）、樹子2大匙（含湯汁）

[調味] 酒1大匙

[做法]

❶ 豆仔魚處理乾淨，置於盤中。

❷ 將酒及樹子淋於魚身，以大火蒸6分鐘即成。

酥炸紅新娘

[材料] 紅新娘5條、蛋黃1個、太白粉3大匙

[調味] 酒1大匙、鹽1/2小匙、白胡椒粉1/3小匙

[沾料] 胡椒鹽少許

[做法]

❶ 紅新娘處理乾淨，以調味料拌勻醃4分鐘。

❷ 醃好的紅新娘瀝乾水份，抹上蛋黃，再沾上一層薄太白粉。

❸ 熱鍋加入2杯油燒至8分熱，放入紅新娘以大火炸酥，撈出瀝乾後盛盤，即可沾胡椒鹽食用。

[小撇步] 紅新娘即為馬頭魚的幼苗，肉質軟嫩鮮美。

[小撇步]
■ 鯧魚如較大、較厚實時,可在魚身劃
一、二道,醃時較易入味,也較快熟。
■ 煎魚時必須等鍋熱後才放油,油熱後
再放入魚才不會黏鍋。

乾煎鯧魚

[材料] 白鯧魚1條(約12兩)
[調味] 鹽1小匙、白胡椒
1/3小匙

[做法]

❶ 鯧魚處理乾淨後洗淨擦乾,以調味料塗
抹醃5分鐘備用。

❷ 熱鍋加4大匙油,待油熱後放入鯧魚以中
小火煎至兩面呈金黃色即成。

帶魚酥炒芹菜

[材料] 白帶魚1/3條、西洋芹3片、辣椒1支
[調味] 鹽1/2小匙、雞粉1/2小匙

[做法]

❶ 白帶魚處理乾淨，去骨後先切0.5公分小片，再切成長條絲，拌少許太白粉，入鍋以8分熱油大火炸至酥黃，撈出備用。

❷ 西洋芹洗淨，切寸段後切絲；辣椒洗淨切絲。

❸ 熱鍋加3大匙油爆香辣椒，放入芹菜絲拌炒片刻，加入帶魚酥與調味料拌勻即成。

[小撇步]
西洋芹可改成本土的芹菜，同樣美味可口。

咀嚼酥脆與清脆的絕佳組合

快炒秘訣 魚肉篇
魚肉的結締組織不像豬、牛肉這麼強韌，切成條、塊或絲時很容易散掉，可先拌點太白粉增加表面的附著力，再過油固定形狀。過油時油溫可高些，讓表面快速定型並形成保護層，內部的水分就不容易喪失而保持軟嫩。入鍋炒時要小心翻動就可使形狀維持得很好。

虱目魚肚湯

[材料] 虱目魚肚1個、嫩豆腐1盒、薑絲1大匙、九層塔少許
[調味] 鹽1小匙、雞粉1小匙

[做法]
❶ 虱目魚肚洗淨切成長方塊，豆腐切小丁。
❷ 鍋中水燒開後放入豆腐煮3分鐘，再加入虱目魚肚及薑絲續煮2分鐘。
❸ 加入調味料拌勻，起鍋前放入九層塔即成。

番茄魚湯

[材料] 赤鯮2～3尾、紅番茄2～3個、豆腐1/2盒、薑4片、蔥段1支

[調味] 酒1大匙、鹽1小匙、香油1小匙

[做法]

❶ 番茄洗淨去蒂切片、豆腐切塊、赤鯮處理乾淨。

❷ 番茄鋪於鍋底，依序放入豆腐與赤鯮，加水蓋過所有材料，放入薑片煮開，改中小火續煮約8分鐘。

❸ 加入酒、鹽調味，撒上蔥段、淋上香油即成。

泡菜海鮮鍋

[材料] 鯛魚片1/2片、海蟹、蘭花蚌、透抽、蟹腿肉、草蝦以上各75公克（2兩）、板豆腐1塊、韓國泡菜1碗

[調味] 鹽1/2小匙、雞粉1/2小匙

[做法]

❶ 豆腐切小塊、海蟹和鯛魚處理乾淨後切成塊狀。

❷ 透抽清除內臟軟管，洗淨切成圈狀；蝦仁抽去腸泥洗淨。

❸ 砂鍋加適量水，放入豆腐以中火煮5分鐘，加入其他材料續煮2分鐘，再加入調味料拌勻即成。

樸 實 風 格 的 華 麗 表 演

快炒秘訣　海鮮篇

要兼顧海鮮的營養美味，避免過於生猛導致腸胃不適應，折衷的方法就是短時間的烹調，加熱過程不要超過3分鐘，盡量避免貪圖美味的生食，快炒或適度的燙煮才是品嘗海鮮之道。尤其要注意的是事前的處理，仔細的清洗並徹底去除內臟、腸泥這些具有異味的部分，才能呈現出最自然的風味。

銀芽雞絲

辣子雞丁　宮保雞丁

3 雞同鴨講 Chicken & Duck

鮮菇雞片

咖哩雞片

彩椒雞片　三杯雞

蠔油鴨片

銀芽雞絲

[材料] 去骨雞胸肉1/2個、銀芽300公克（半斤）、辣椒絲1小匙

[調味] 鹽1/2小匙、雞粉1/2小匙

[醃料] 蛋白1個、太白粉1小匙

[做法]

❶ 銀芽洗淨瀝乾，雞胸肉切細絲後加入醃料拌勻。

❷ 鍋中倒入2杯油燒至7分熱，將雞絲過油至顏色轉白撈出，瀝乾油份備用。

❸ 另熱鍋加3大匙油，大火快炒銀芽片刻，加入雞絲、辣椒絲及調味料拌勻即成。

[小撇步] 銀芽即是綠豆芽摘去頭尾，北方稱作掐菜，爽脆可口。

辣子雞丁

[材料] 去骨雞胸肉1個、荸薺6粒、熟青豆仁2大匙、太白粉1小匙、薑末1大匙、酒1大匙、辣豆瓣醬2大匙

[調味1] 酒1大匙、醬油2大匙、水1/2杯

[調味2] 醬油3大匙、糖1大匙、水4大匙、太白粉1小匙

[做法]

❶ 雞肉切小丁，加調味料1拌抓至水份被吸收，加入太白粉拌勻；荸薺煮熟切丁。

❷ 鍋中倒入2杯油燒熱，將雞丁過油至顏色轉白，撈出瀝乾備用。

❸ 鍋中留3大匙油，爆香薑末後熗酒，加入辣豆瓣醬拌勻，再放入調味料2燒開，倒入荸薺丁、雞丁、青豆仁燴炒片刻即成。

[小撇步] 加入荸薺可增加爽脆口感，也可更改成筍丁、刈薯丁等材料。

宮保雞丁

[材料] 去骨雞胸肉1個、乾辣椒3大匙、去皮蒜茸花生2大匙

[調味1] 酒1大匙、醬油2大匙、水1/2杯、太白粉1小匙

[調味2] 酒1大匙、醬油4大匙、糖1大匙、烏醋2大匙、水4大匙、太白粉1小匙

[做法]

❶ 雞胸肉洗淨切小丁，以調味料**1**拌醃4分鐘。

❷ 鍋中倒入2杯油燒至7分熱，放入雞丁過油，快速攪拌至顏色轉白，撈出瀝乾油份備用。

❸ 鍋中留2大匙油燒熱，爆香乾辣椒至顏色轉黑時熗酒，加入調味料**2**燒開後，放入雞丁燴拌片刻，起鍋前撒入花生拌勻即成。

[小撇步] 雞柳即是雞胸肉裡的小里肌，每副雞胸肉有兩條小里肌，是肉質最嫩的部位，超市或傳統市場均可買到。

黑胡椒雞柳

[材料] 雞柳300公克（半斤）、洋蔥1顆（小）、太白粉1小匙

[調味1] 酒1大匙、水1/2杯、醬油2大匙

[調味2] 醬油1大匙、鹽1/2小匙、雞粉1/3小匙、粗黑胡椒粉1大匙

[做法]

❶ 洋蔥切粗絲；雞柳洗淨後切成姆指寬粗條，加調味料1拌抓至水份被吸收，再加太白粉拌勻。

❷ 鍋中倒入2杯油，油熱後放入雞柳過油至顏色轉白，撈出瀝乾油份備用。

❸ 鍋中留3大匙油，燒熱後炒軟洋蔥絲，加調味料2及雞柳拌勻即成。

鮮菇雞片

[材料] 去骨雞胸肉1/2個、新鮮香菇4朵、秋葵4支、紅蘿蔔片6片、熟筍少許

[調味1] 酒1大匙、蛋白1/2個、太白粉1小匙

[調味2] 鹽1/2小匙、雞粉1/2小匙、白胡椒粉1/4小匙、香油1大匙

[做法]

❶ 雞胸肉洗淨切成薄片,與調味料1拌勻備用。

❷ 香菇洗淨切片、秋葵去蒂後切成兩段、熟筍切片備用。

❸ 熱鍋加5大匙油,放入雞肉炒至顏色轉白即撈出,鍋中續加入香菇片炒香,倒入水2大匙及秋葵、紅蘿蔔片、筍片拌炒,再放入調味料2及雞肉片燴炒片刻即成。

[小撇步] 秋葵可更改成豌豆莢、甜豆或西洋芹。

照燒雞柳

[材料] 雞柳6片、白芝麻1/2小匙、太白粉3大匙

[調味1] 酒2大匙、蛋白1個、太白粉1大匙

[調味2] 醬油1大匙、味醂3大匙

[做法]

❶ 雞柳洗淨瀝乾,與調味料1拌勻,取出沾上一層薄太白粉,以平底鍋煎至兩面微黃。

❷ 鍋中加調味料2燒開,放入煎黃的雞柳以小火燜煮至湯汁收乾,起鍋前撒上白芝麻即成。

[小撇步] 若使用生芝麻,則要先入乾鍋以小火炒熟。

咖哩雞片

[材料] 雞胸肉1個、洋蔥1
個、紅蘿蔔片1/2碗
[調味1] 酒1大匙、蛋白1
個、太白粉1小匙
[調味2] 咖哩4小塊、水2杯

[做法]

❶ 雞胸肉切片,與調味料1拌勻;洋蔥去
皮切塊。

❷ 鍋中倒入2杯油燒至7分熱,將雞肉過油
至顏色轉白,撈出瀝乾油份備用。

❸ 鍋中留2大匙油,炒香洋蔥及紅蘿蔔
片,加2杯水燒開,放入雞肉及咖哩塊煮溶
即成。

彩椒雞片

[材料] 雞胸肉1/2個、紅椒1/3個、黃椒1/3個、橘椒1/3個、青椒1/3個

[調味1] 酒1大匙、蛋白1/2個、太白粉1小匙

[調味2] 鹽1/2小匙、雞粉1/2小匙

[做法]

❶ 雞胸肉洗淨切片，與調味料1拌勻備用；彩椒洗淨，分別切成滾刀塊。

❷ 鍋中加6大匙油燒至7分熱，加入雞肉快炒至顏色轉白，撈出瀝乾油份備用。

❸ 鍋中留2大匙油，燒熱後放入彩椒拌炒片刻，加入雞肉及調味料2拌勻即成。

滿足視覺與口感的多彩變化

快炒秘訣 增色篇

醃雞肉時多會以醬油、五香粉與糖增加香味，同時也賦予紅潤的色澤，讓雞肉顏色不會過白，不過當配料的顏色夠豐富鮮豔時，維持雞肉原本的白色在配色上也不錯。如果要突顯雞肉的白淨色澤，可以利用蛋白作為醃料，同時也能增加滑嫩度。

[小撇步] 同樣方法還可作
三杯小卷、三杯虱目魚肚,
10分鐘內皆可完成。

三杯雞

[材料] 肉雞雞腿2支（約1斤）、
老薑片1/3碗、辣椒1支、九層
塔1把
[調味] 酒5大匙、醬油5大匙、
香油5大匙、糖2大匙

[做法]

❶ 雞肉洗淨剁塊,以8分熱油過油至顏
色轉白時取出。

❷ 另熱鍋加2大匙油爆香薑末、辣椒
片,放入雞塊及調味料以大火燒開
後,改中小火燜煮約8分鐘至湯汁微
乾,起鍋前撒入九層塔拌勻即成。

三杯鴨舌

[材料] 鴨舌300公克（半斤）、薑8片、大蒜8粒、辣椒2支、九層塔1把

[調味] 香油4大匙、酒4大匙、醬油4大匙、糖1½大匙

[做法]

❶ 鴨舌洗淨瀝乾、大蒜去皮、辣椒洗淨切斜片。

❷ 熱鍋加4大匙香油，爆香薑末、大蒜、辣椒後加入鴨舌拌炒片刻。

❸ 加入酒、醬油及糖燒開，改中小火燜煮約8分鐘至湯汁微乾，起鍋前撒入九層塔拌勻即成。

韭菜鴨腸

[材料] 處理好的鴨腸、韭菜各300
公克（半斤）
[調味] 鹽1/2小匙、雞粉1/2小
匙、香油1大匙
[做法]
❶ 鴨腸洗淨，切小段。
❷ 韭菜去除老葉，洗淨切寸段。
❸ 熱鍋加6大匙油，放入鴨腸以
大火快炒片刻，加入韭菜炒軟至
熟，放入調味料拌勻即成。

蒜苗鴨賞

[材料] 鴨賞150公克（4兩）、青蒜3
支、辣椒1支
[調味] 鹽少許、香油1大匙
[做法]
❶ 青蒜、辣椒洗淨切斜片。
❷ 熱鍋加4大匙油爆香辣椒，放入
鴨賞以大火快炒片刻，加入蒜苗
炒軟，最後加調味料拌勻即成。

[小撇步] 目前市售有真
空包裝的鴨賞，十分方
便，若買到的口味夠重，
則烹煮時可不加調味料。

蠔油鴨片

[材料] 鴨胸肉300公克（半斤）、西洋芹2支、辣椒1支

[調味1] 酒1大匙、醬油1大匙、水4大匙、太白粉1小匙

[調味2] 蠔油3大匙、糖1小匙、香油1大匙

[做法]

1. 鴨胸肉洗淨切薄片，與調味料1拌勻備用。
2. 西洋芹和辣椒分別洗淨切斜片。
3. 熱鍋加4大匙油，放入鴨片快炒至變色盛出。
4. 鍋中留2大匙油爆香辣椒，放入西洋芹拌炒，再加鴨肉及調味料2拌勻即成。

4 牛肉場 Beef

乾煸牛肉絲

[材料] 牛里肌肉450公克（12兩）、芹菜300公克（半斤）、紅蘿蔔絲3大匙

[調味] 鹽1/2小匙、雞粉1/2小匙、香油1大匙

[做法]

❶ 牛肉切絲、芹菜洗淨切寸段。

❷ 鍋中倒入4杯油燒至8分熱，放入牛肉絲炸至乾煸微焦脆，撈出瀝乾油份。

❸ 另熱鍋加4大匙油，放入芹菜段、紅蘿蔔絲炒軟，加入調味料及牛肉絲炒勻即成。

子薑牛肉絲

[材料] 牛里肌肉300公克（半斤）、嫩薑絲1/2碗、辣椒絲1小匙

[調味1] 酒1大匙、小蘇打粉1/2小匙、水4大匙、太白粉1小匙

[調味2] 鹽1/2小匙、雞粉1/2小匙、香油1大匙

[做法]

❶ 牛肉切絲，與調味料1拌勻。

❷ 熱鍋加6大匙油燒至8分熱，牛肉絲入鍋炒熟後，放入嫩薑絲與辣椒絲大火拌炒片刻，最後加入調味料2拌勻即成。

香根牛肉絲

[材料] 牛里肌肉225公克（6兩）、香菜莖1碗、辣椒絲1大匙

[調味1] 酒1大匙、小蘇打粉1/2小匙、水4大匙、太白粉1小匙

[調味2] 鹽1/2小匙、雞粉1/2小匙、香油1大匙

[做法]

❶ 牛肉切絲，與調味料1拌勻。

❷ 香菜莖洗淨，切除根部後切寸段。

❸ 熱鍋加5大匙油燒至8分熱，牛肉絲入鍋快炒至變色時，加入辣椒絲、調味料2拌勻，起鍋前放入香菜莖略拌即成。

淺嘗動人的清香柔嫩

快炒秘訣　醃肉篇

醃牛肉絕對少不了小蘇打粉與太白粉，小蘇打粉可以軟化牛肉纖維，而表面沾上些太白粉能防止牛肉受熱過分收縮，兩者均能使牛肉更加軟嫩，木瓜酵素和嫩精亦具相同功效。想品嘗滑嫩的牛肉，過油最好至5分即可，最多不要超過7分，否則再次下鍋時就會過熟變老。

[小撇步] 角瓜即是澎湖絲瓜，滋味比絲瓜更加爽脆鮮甜，較不易出水。

絲瓜牛肉絲

[材料] 牛里肌肉225公克（6兩）、角瓜1條、蒜末1大匙
[調味1] 酒1大匙、小蘇打粉1/2小匙、水4大匙、太白粉1小匙
[調味2] 鹽1/2小匙、雞粉1/2小匙

[做法]
❶ 牛肉切絲，與調味料1拌勻。
❷ 角瓜洗淨去皮，切成粗絲。
❸ 鍋中倒入2杯油燒至7分熱，牛肉絲入鍋炒散後盛出。
❹ 鍋中留4大匙油爆香蒜末，放入角瓜絲炒至熟軟，再加入調味料2與牛肉絲拌勻即成。

芥蘭炒牛肉

[材料] 牛里肌肉225公克
（6兩）、芥蘭菜300公克
（半斤）、蒜末1大匙、辣椒
片1支、酒1大匙
[調味1] 酒1大匙、小蘇打
粉1/2小匙、水4大匙、太
白粉1小匙
[調味2] 鹽1/2小匙、雞粉
1/2小匙

[做法]

❶ 牛肉切成0.5公分薄片，與調味料1拌勻備用。

❷ 芥蘭菜去除硬梗與老葉，洗淨後切成寸段，梗
部與葉部分開備用。

❸ 鍋中倒入2杯油燒至7分熱，牛肉過油片刻立即
取出。

❹ 鍋中留4大匙油爆香蒜末及辣椒片，芥蘭菜梗
入鍋拌炒片刻後加入葉部拌炒。

❺ 沿鍋邊熗酒，加入牛肉絲及調味料2拌炒片刻
即成。

青椒牛肉

[材料] 牛里肌肉225公克（6兩）、青椒2個、辣椒1支

[調味1] 酒1大匙、小蘇打粉1/2小匙、水4大匙、太白粉1小匙

[調味2] 鹽1/2小匙、雞粉1/2小匙、香油1大匙

[做法]

❶ 牛肉切絲，與調味料1拌勻。

❷ 辣椒洗淨切絲，青椒洗淨後去蒂去籽，亦切成絲。

❸ 熱鍋加6大匙油燒至8分熱，牛肉絲入鍋拌炒至8分熱盛出，餘油續炒辣椒絲、青椒絲至微軟，加入牛肉絲與調味料2拌勻即成。

韭黃牛肉

[材料] 牛里肌肉225公克（6兩）、韭黃1把（半斤）、辣椒1支

[調味1] 酒1大匙、小蘇打粉1/2小匙、水4大匙、太白粉1小匙

[調味2] 鹽1/2小匙、雞粉1/2小匙、香油1大匙

[做法]

❶ 牛肉切細絲，與調味料1拌勻。

❷ 韭黃洗淨切寸段、辣椒洗淨切細絲。

❸ 熱鍋加6大匙油燒至8分熱，牛肉絲入鍋快炒至8分熟時盛出，餘油續炒辣椒絲、韭黃片刻，放入牛肉絲與調味料2拌勻即成。

滑蛋牛肉

[材料] 牛里肌肉225公克
（6兩）、蛋6個、蔥末2大匙
[調味1] 酒1大匙、小蘇打
粉1/2小匙、水4大匙、太
白粉1大匙
[調味2] 鹽1/2小匙、雞粉
1/2小匙

[做法]

❶ 牛肉切薄片，與調味料1拌勻。

❷ 鍋中倒入2杯油燒至7分熱，牛肉片過油後撈
起瀝乾，待涼與打散的蛋、蔥末1大匙及調味料
2拌勻。

❸ 熱鍋加6大匙油，倒入做法❷，以鍋鏟快炒拌
開，待蛋將凝固尚滑嫩時，撒入蔥末1大匙拌勻
即成。

蠔油牛肉片

[材料] 牛里肌肉300公克（半斤）、蔥段1碗、辣椒1支

[調味1] 酒1大匙、小蘇打粉1/2小匙、水4大匙、太白粉1小匙

[調味2] 酒1大匙、蠔油4大匙、糖1小匙、香油1大匙

[做法]

❶ 牛肉切片，與調味料1拌勻備用，辣椒洗淨切斜片。

❷ 熱鍋加6大匙油燒至8分熱，牛肉片入鍋快炒至9分熟時盛出。

❸ 餘油續炒辣椒與蔥段，沿鍋邊熗酒，加入牛肉片與調味料2拌勻即成。

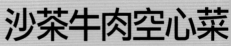

沙茶牛肉空心菜

[材料] 牛里肌肉225公克（6兩）、空心菜300公克（半斤）、蒜末1大匙

[調味1] 酒1大匙、小蘇打粉1/2小匙、水4大匙、太白粉1小匙

[調味2] 沙茶醬3大匙、水3大匙、鹽1/3小匙

[做法]

❶ 牛肉切絲與調味料1拌勻；空心菜洗淨後切寸段，梗部與葉部分開備用。

❷ 鍋中加入1/2杯油燒至8分熱，放入牛肉絲快炒至9分熟時盛出。

❸ 餘油爆香蒜末，放入空心菜梗拌炒片刻，即加入葉部炒軟，放入牛肉絲與調勻的調味料2拌勻即成。

遠菜炒牛肉

[材料] 牛里肌肉225公克（6兩）、遠菜300公克（半斤）、蒜末1大匙

[調味1] 酒1大匙、小蘇打粉1/2小匙、水4大匙、太白粉1小匙

[調味2] 鹽1/2小匙、雞粉1/2小匙、香油1大匙

[做法]

❶ 牛肉切片，與調味料1拌勻備用。

❷ 遠菜洗淨剝片，嫩芯部份切成兩半。

❸ 熱鍋加6大匙油燒至8分熱，牛肉片入鍋快炒至9分熟盛出。

❹ 餘油爆香蒜末，加入遠菜大火快炒至軟，放入牛肉片與調味料2拌勻即成。

[小撇步] 遠菜即高麗菜的嫩芯，當高麗菜切除採收後，會長出小嫩芽，爽脆可口。

京醬肉絲

● ● ● ● ● ● ● ●

[材料] 里肌肉或梅花肉300公克
（半斤）、蔥8支

[調味1] 酒1大匙、水5大匙、醬油
2大匙、太白粉1小匙

[調味2] 酒1大匙、甜麵醬2大匙、
醬油2大匙、糖1又1/2大匙、水5大
匙、太白粉1/2小匙、香油1大匙

[做法]

❶ 豬肉洗淨切絲，與調味料1拌
勻；蔥洗淨切細絲，鋪於盤底。

❷ 鍋中倒入2杯油燒至7分熱，肉
絲入鍋過油至顏色變白撈出瀝乾。

❸ 另起油鍋，倒入調勻的調味料2
燒開，將肉絲加入燴炒片刻，盛於
盤上即成。

[小撇步] 同樣方法可做
成魚香茄子、魚香豬肝、
魚香烘蛋、魚香鮮貝等。

魚香肉絲

● ● ● ● ● ● ● ●

[材料] 里肌肉或梅花肉300公克（半
斤）、黑木耳3朵、熟筍1/2支、蔥末、
薑末、蒜末以上各1大匙、酒1大匙、
辣豆瓣醬2大匙

[調味1] 酒1大匙、醬油2大匙、水5大
匙、太白粉1小匙

[調味2] 醬油2大匙、糖1大匙、水1/2
杯、太白粉1小匙、胡椒粉少許

[調味3] 香油1大匙、蔥花適量

[做法]

❶ 豬肉洗淨切絲，與調味料1拌勻；
木耳、熟筍切絲備用。

❷ 肉絲以7分熱油過油後撈出，鍋中
留4大匙油爆香蔥薑蒜末，沿鍋邊熗酒
並加入辣豆瓣醬拌勻。

❸ 加入木耳絲、筍絲拌炒片刻，倒入
調勻的調味料2煮開後，放入肉絲拌
勻，起鍋前灑上調味料3即成。

榨菜豆乾肉絲

[材料] 豬瘦肉225公克（6兩）、五香豆乾4片、淡榨菜絲1/2碗、辣椒1支
[調味1] 醬油1大匙、水4大匙、太白粉1小匙
[調味2] 鹽1/2小匙、雞粉1/2小匙、香油1大匙、胡椒粉1/4小匙

[做法]

❶ 豬肉洗淨切絲，與調味料1拌勻備用。

❷ 豆乾和辣椒分別洗淨後切絲。

❸ 熱鍋加6大匙油，肉絲入鍋炒散後盛出，餘油炒香豆乾絲，加入辣椒、榨菜絲拌炒片刻，倒入肉絲與調味料2拌勻即成。

脆炒百頁肚絲

[材料] 百頁肚300公克（半斤）、韭黃300公克（半斤）、辣椒1支

[調味] 鹽、雞粉各1/2小匙

[做法]

❶ 百頁肚洗淨，以滾水汆燙片刻，撈出沖冷水漂涼，瀝乾後切粗絲。

❷ 韭黃洗淨切寸段，辣椒洗淨切斜片。

❸ 熱鍋加6大匙油，大火快炒百頁肚片刻，放入韭黃、辣椒炒軟後加入調味料拌勻即成。

[小撇步] 蔥亦可
換成芹菜或青蒜。

客家小炒

[材料] 五花肉150公克
(4兩)、乾魷魚1/2隻、
五香豆乾2片、蔥段1
碗、辣椒2支
[調味] 酒1大匙、醬油
膏3大匙、胡椒粉少許

[做法]

❶ 五花肉洗淨切粗條、豆乾洗淨切1公分厚片。

❷ 魷魚泡水5分鐘後剪成粗條,放入7分熱油鍋
中泡至外表起泡時撈出,瀝乾油份備用。

❸ 五花肉與豆乾分別入鍋煸炒至呈金黃色,放
入辣椒與蔥段拌炒,熗酒後加入魷魚與調味料
拌勻即成。

[小撇步] 可利用拜拜後的豬肉來做回鍋肉，下飯、帶便當兩相宜。

回鍋肉

[材料] 長條五花肉375公克（10兩）、豆乾3片、青椒1個、青蒜1支、辣椒1支

[調味] 酒1大匙、甜麵醬1大匙、醬油2大匙、糖1大匙、水4大匙

[做法]

❶ 五花肉洗淨以滾水煮熟，撈出放涼後切薄片，再入油鍋兩面煎黃。

❷ 豆乾洗淨切片，以熱油煎黃；青椒洗淨切滾刀塊，入滾水汆燙；青蒜和辣椒切斜片備用。

❸ 熱鍋加2大匙油，炒香辣椒、青蒜後加入調味料煮開，放入肉片、豆乾、青椒拌勻即成。

紅麴肉片

[材料] 梅花肉300公克（半斤）、青蒜1支、薑末1小匙、蒜末1小匙

[調味] 酒1大匙、紅麴醬3大匙、鹽1/2小匙、糖1/2小匙

[做法]

❶ 梅花肉洗淨切薄片，青蒜洗淨切細末。

❷ 熱鍋加6大匙油，梅肉片入鍋煸乾至肉變色，盛出備用。

❸ 另起油鍋加2大匙油，爆香薑末、蒜末後熗酒，倒入調味料煮開，加入肉片拌勻，起鍋前撒入青蒜末即成。

芥蘭炒臘肉

[材料] 芥蘭菜300公克（半斤）、湖南臘肉150公克（4兩）、辣椒1支
[調味] 酒2大匙、鹽少許

[做法]

❶ 芥蘭摘除老葉，洗淨後切寸段，梗部與葉部分開備用。

❷ 臘肉切薄片、辣椒洗淨切斜片。

❸ 熱鍋加5大匙油，放入辣椒及臘肉炒香。

❹ 芥蘭梗入鍋以大火快炒片刻，加入葉部拌炒，沿鍋邊熗酒，炒至芥蘭菜軟化，加少許鹽調味即成。

[小撇步]
■ 臘肉本身有鹹味，可以不加鹽調味。
■ 芥蘭改成青蒜或蒜苔，亦很對味。

體驗即興小吃的香傳千里

快炒秘訣 肉類篇

肉類在快炒菜中一直具有不可輕忽的重要份量，各式肉品快炒後四溢的香味，和入口後濃重的味覺刺激，都令人食後三日難忘。肉類以切片快炒居多，原因在於切成片狀之後受熱最均勻而易熟，而唯有快速的炒熟，才能具有快炒菜獨具的鮮嫩多汁與柔軟度。

椒鹽排骨

[材料] 小排骨300公克（半斤）、地瓜粉1/2碗

[調味] 酒1大匙、醬油4大匙、糖1大匙、蒜末1小匙、五香粉1/4小匙

[沾料] 胡椒鹽1/2小匙

[做法]

❶ 小排骨洗淨瀝乾，以調味料醃20分鐘，分別沾上地瓜粉。

❷ 放入7分熱油中以小火炸至金黃，撈出瀝乾油份。

❸ 餘油繼續加熱至9分熱，將小排骨回鍋以大火炸10秒鐘，立刻撈出盛盤，可沾上胡椒鹽食用。

[小撇步] 小排骨須先小火炸熟，再大火回鍋炸，才能外酥內嫩。

咕咾肉

[材料] 梅花肉或胛心肉300公克（半斤）、青椒1個、罐頭鳳梨4片、蒜末1大匙、太白粉1/2碗

[調味1] 醬油3大匙、糖1小匙、五香粉1/4小匙、蒜末1小匙、蛋黃1個

[調味2] 糖、白醋、番茄醬、水以上各3大匙、太白粉1小匙、鹽1/3小匙、香油1大匙

[做法]

❶ 梅花肉洗淨後切1公分厚塊，加入調味料1醃10分鐘。

❷ 青椒洗淨切滾刀塊，汆燙後撈出沖涼瀝乾；鳳梨切成4等份。

❸ 做法❶分別沾上太白粉，以7分熱油炸至外表酥黃。

❹ 另起鍋加2大匙油燒熱，爆香蒜末後倒入調味料2煮開，放入鳳梨、青椒、肉塊拌勻即成。

麻油腰花

[材料] 腰子1副（2個）、老薑片1/2碗

[調味] 胡麻油1/2碗、米酒1瓶、雞粉1/2小匙

[做法]

❶ 腰子對剖兩半，用利刀完全切除內部白筋。

❷ 在腰子外側切出直刀紋，再斜切成薄片，入滾水汆燙至8分熟，撈出洗淨瀝乾。

❸ 熱鍋加胡麻油爆香薑片，倒入米酒煮開，放入腰花稍煮片刻，加雞粉調味即成。

[小撇步]
■ 腰子以滾水汆燙可去除腥騷味。
■ 品嘗腰子需講求脆度，所以不可久煮以免老硬。

薑絲肥腸

[材料] 大腸300公克（半斤）、嫩薑絲1/2碗、麵粉、鹽各適量

[調味] 白醋4大匙、鹽1/2小匙、雞粉1/2小匙

[做法]

❶ 大腸以適量鹽及麵粉反覆搓揉清洗，直到完全沒有黏液，即可入滾水汆燙。

❷ 撈出大腸，切小塊後瀝乾。

❸ 熱鍋加4大匙油，大火快炒薑絲、肥腸，隨即倒入調味料，蓋上鍋蓋燜煮1分鐘，至大腸微漲即可起鍋。

[小撇步]
■ 薑絲肥腸特色在於品嘗大腸的脆及醋的酸，十分開胃。亦可先將大腸煮爛，切小塊與薑絲拌炒，軟爛中帶酸味。
■ 道地的客家做法是用醋精，味道更夠味。

韭黃豬肝

[材料] 豬肝300公克（半斤）、韭黃300公克（半斤）、辣椒1支、蒜末1大匙

[調味] 鹽1/2小匙、雞粉1/2小匙、香油1大匙

[做法]

❶ 韭黃洗淨切寸段、辣椒洗淨切斜片。

❷ 豬肝洗淨血水後切薄片，汆燙至8分熟時即取出以清水沖涼，再次洗淨瀝乾。

❸ 熱鍋加4大匙油爆香蒜末、辣椒，放入韭黃及豬肝大火爆炒片刻，加入調味料拌勻即成。

[小撇步] 豬肝汆燙過可去除腥騷味，嫩度亦較好掌握。

沙茶羊肉

[材料] 火鍋羊肉片300公克（半斤）、嫩薑絲1/2碗、辣椒絲1小匙
[調味] 酒1大匙、沙茶醬3大匙、雞粉1/2小匙

[做法]
❶ 熱鍋加6大匙油，大火快炒羊肉片至顏色轉白，即放入嫩薑絲、辣椒絲拌炒片刻。
❷ 調味料事先拌勻，加入鍋中與羊肉片拌勻即可盛盤。

苦瓜炒羊肉

[材料] 火鍋羊肉片225公克（6兩）、苦瓜1/2條、辣椒1支

[調味] 腐乳醬或黃豆豉醬1大匙、鹽1/3小匙、雞粉1/3小匙

[做法]

❶ 苦瓜洗淨對剖成兩半，去籽後切薄片，以滾水汆燙至軟，撈出瀝乾。

❷ 辣椒洗淨切末。

❸ 熱鍋加4大匙油，大火快炒羊肉片至變色，放入辣椒、苦瓜拌炒片刻，加入調味料拌炒至熟即成。

[小撇步] 苦瓜先放入滾水中燙軟，可去除大部分的苦味。

6 青青青菜菜菜 Vegetable

櫻花蝦炒胡瓜

[材料] 胡瓜1條、櫻花蝦 2大匙、蒜末1小匙

[調味] 鹽1/2小匙、雞粉 1/2小匙、香油1大匙

[做法]

❶ 胡瓜洗淨去皮,切成長形片;櫻花蝦洗淨瀝乾。

❷ 熱鍋加4大匙油爆香蒜末,放入櫻花蝦炒香後加入胡瓜拌炒片刻,加水4大匙及調味料燜軟即成。

[小撇步] 紅鳳菜鐵質含量多，是補血的蔬菜，女性宜多加食用。

麻油炒紅菜

[材料] 紅鳳菜300公克（半斤）、薑絲1大匙

[調味] 胡麻油4大匙、鹽1/2小匙、雞粉1/2小匙

[做法]

❶ 紅鳳菜摘取嫩葉，洗淨瀝乾。

❷ 熱鍋加入胡麻油燒熱，爆香薑絲後加入紅鳳菜拌炒至軟，再以鹽、雞粉調味即成。

脆炒高麗菜

[材料] 高麗菜300公克（半斤）、紅蘿蔔絲1大匙、蒜末1小匙

[調味] 鹽1/2小匙、雞粉1/2小匙

[做法]

❶ 高麗菜洗淨，用手剝成適當片狀。

❷ 熱鍋加4大匙油，爆香蒜末後放入高麗菜、紅蘿蔔絲拌炒至軟，加入調味料拌勻即成。

親嘗家常小炒的不凡美味

快炒秘訣—葉菜篇

葉菜類的蔬菜容易帶有泥土或小蟲，清洗時應先去除根部、老葉、腐葉，再反覆沖洗數次。具有硬梗的葉菜，切時要分開葉與梗，炒時將硬梗先下鍋，翻炒數下再將易熟的葉下鍋同炒，才能使熟度相同。炒青菜可以先加鹽再入菜，菜色較為鮮翠；添加小蘇打粉可使色澤鮮綠，但卻會破壞維生素。

日落龍鬚菜

[材料] 龍鬚菜300公克（半斤）、薑絲1小匙、蛋黃1個

[調味] 酒1大匙、黃豆豉醬1大匙、鹽1/2小匙

[做法]

❶ 龍鬚菜洗淨，去除硬梗及老葉，切成寸段。

❷ 熱鍋加4大匙油爆香薑絲，放入龍鬚菜以大火快炒後熗酒，續炒至熟軟即加入黃豆豉醬及鹽拌勻。

❸ 盛出裝盤後中央打入一顆生蛋黃，趁熱拌勻即可食用。

[小撇步] 蛋黃趁熱拌食可增加菜的滑潤口感。

酸高麗菜炒肉絲

[材料] 酸高麗菜300公克（半斤）、豬肉絲150公克（4兩）、辣椒1支

[調味1] 醬油1大匙、水3大匙、太白粉1小匙

[調味2] 鹽1/2小匙、雞粉1/2小匙

[做法]

❶ 酸高麗菜切粗絲，辣椒洗淨切斜片。

❷ 肉絲與調味料1拌勻。

❸ 熱鍋加4大匙油爆香辣椒，倒入肉絲炒熟後再放入酸高麗菜拌炒，加調味料2拌勻即成。

炒山蘇

[材料] 山蘇300公克（半斤）、丁香小魚乾2大匙、蒜末1大匙、辣椒末1大匙、酒1大匙
[調味] 辣腐乳醬1大匙、鹽1/2小匙、糖1/4小匙

[做法]

❶ 山蘇洗淨切寸段、丁香魚乾泡軟瀝乾。

❷ 熱鍋加4大匙油爆香蒜末、辣椒末，沿鍋邊熗酒，加入小魚乾炒香。

❸ 山蘇入鍋以大火快炒至軟，加入調味料拌勻即成。

枸杞炒川七

[材料] 川七300公克（半斤）、枸杞1大匙、薑絲1大匙、胡麻油4大匙、酒1大匙
[調味] 鹽1/2小匙、雞粉1/2小匙

[做法]

❶ 川七洗淨瀝乾、枸杞泡軟瀝乾。

❷ 熱鍋加胡麻油爆香薑絲，沿鍋邊熗酒後加入川七及枸杞拌炒至軟化，以鹽、雞粉調味即成。

開陽白菜

[材料] 卷心大白菜1顆、蝦米（開陽）2大匙

[調味] 鹽1小匙、雞粉1/2小匙、太白粉1小匙、香油1大匙

[做法]

❶ 蝦米泡軟瀝乾水份。

❷ 卷心白菜對剖成兩半，切去中間硬莖後切成小片，洗淨瀝乾。

❸ 熱鍋加4大匙油爆香蝦米，放入大白菜拌炒片刻即以鹽、雞粉調味，續燜煮至白菜軟化，將太白粉調水勾薄芡，淋上香油即成。

[小撇步] 蝦米又稱開陽也叫金鉤蝦，是小蝦曬乾而成，入菜可增加菜餚美味，有提鮮的效果。

金菇三絲

[材料] 金針菇300公克（半斤）、豬肉絲75公克（2兩）、蔥絲1碗、辣椒絲2大匙

[調味1] 醬油1大匙、水2大匙、太白粉1/2小匙

[調味2] 鹽1/2小匙、雞粉1/2小匙、香油1大匙

[做法]

❶ 豬肉絲與調味料1拌勻備用。

❷ 金針菇切去蒂頭，剝開洗淨瀝乾水份。

❸ 熱鍋加5大匙油，豬肉絲入鍋炒至顏色轉白，加入辣椒絲與金針菇炒軟，放入蔥絲及調味料2拌勻即成。

莧菜鯽魚

[材料] 鯽仔魚75公克（2兩）、莧菜300公克（半斤）、大蒜末1小匙

[調味] 鹽1/2小匙、柴魚粉1/2小匙、太白粉1小匙、香油1大匙

[做法]

❶ 鯽仔魚盛放在濾網中沖水，洗淨瀝乾。

❷ 莧菜去硬梗及老葉，洗淨切寸段。

❸ 熱鍋加4大匙油，爆香蒜末後加入莧菜及鯽仔魚拌炒片刻。

❹ 加水1/2杯將莧菜燜煮至軟，以鹽、柴魚粉調味後，將太白粉調水勾薄芡，淋上香油即成。

酸菜蠶豆

[材料] 新鮮蠶豆300公克（半斤）、酸菜葉2片、辣椒1支

[調味] 鹽1/2小匙、雞粉1/2小匙、水1/2杯、香油1大匙

[做法]

❶ 酸菜泡水洗淨，擠乾水份剁碎；辣椒洗淨切末；蠶豆洗淨。

❷ 熱鍋加4大匙油，炒香酸菜、辣椒後放入蠶豆拌炒，加水燜煮至蠶豆熟軟，以鹽、雞粉調味後淋上香油即成。

雪菜豆乾筍丁

[材料] 雪裡紅225公克（6兩）、五香豆乾3塊、煮熟綠竹筍1小支、辣椒1支

[調味] 鹽1/2小匙、糖1/4小匙、雞粉1/4小匙、香油1大匙

[做法]

❶ 雪裡紅去除老梗黃葉，洗淨擠乾水份，切成細末。

❷ 豆乾洗淨切丁、筍切丁、辣椒洗淨切片。

❸ 熱鍋加4大匙油，放入豆乾丁以小火煸炒至微黃，倒入雪菜末、辣椒末、筍丁拌炒，加水2大匙燜煮片刻，加入調味料拌勻即成。

松子炒玉米

[材料] 松子75公克（2兩）、玉米粒
225公克（6兩）、蔥末1大匙

[調味] 鹽1/2小匙、雞粉1/2小匙、
香油1小匙

[做法]

❶ 松子仁入滾水燙煮4分鐘去除豆腥
味後瀝乾，再以溫油（約1碗）小火
炸至微黃，撈出瀝乾油份放涼備用。

❷ 新鮮玉米可先煮熟瀝乾水份。

❸ 熱鍋加2大匙油爆香蔥末，倒入玉
米粒拌炒片刻，加入調味料拌勻，起
鍋前撒入松子仁拌勻即成。

[小撇步]
■ 松子必須溫油小火慢炸才不會焦掉，炸
後放涼才會酥脆。
■ 與松子燴炒的菜必須乾爽，否則松子浸
泡湯汁口感會不酥。

蘆筍松子仁

[材料] 松子75公克（2兩）、蘆筍
300公克（半斤）、蒜末1小匙、洋
蔥末1小匙

[調味] 橄欖油3大匙、鹽1/3小
匙、雞粉1/3小匙

[做法]

❶ 松子仁入滾水燙煮4分鐘去除
豆腥味後瀝乾，再以溫油（約1碗）
小火炸至微黃，撈出瀝乾油份放
涼備用。

❷ 蘆筍去除硬梗，洗淨切成細丁
備用。

❸ 熱鍋加橄欖油爆香蒜末、洋蔥
末，放入蘆筍丁炒熟後以鹽、雞
粉調味，起鍋前加入松子仁拌勻
即成。

[小撇步] 同樣方法材料可
更改成魚香肉絲、魚香豬肝、
魚香烘蛋、魚香鮮貝等。

魚香茄子

[材料] 茄子300公克（半斤）、
豬絞肉110公克（約3兩）、蔥末
1大匙、薑末1大匙、蒜末1大匙
[調味1] 辣豆瓣醬1大匙
[調味2] 酒１大匙、醬油３大
匙、烏醋1大匙、糖1大匙、水4
大匙、太白粉1小匙

[做法]
❶ 茄子洗淨去蒂，削去外皮後切成7公
分長段，剖成兩半，以7分熱油炸軟，
撈出後充分瀝乾。
❷ 熱鍋加3大匙油爆香蔥末、薑末、蒜
末，熗酒後加入絞肉炒散。
❸ 加入辣豆瓣醬炒香後，倒入調味料2
煮開，加入茄子燴炒片刻即成。

九層塔茄子

[材料] 茄子300公克（半斤）、
九層塔1小把（約1碗）、蒜末1
大匙、辣椒末1大匙
[調味] 酒1大匙、醬油2大匙、
鹽1/3小匙、糖1/3小匙

[做法]

❶ 茄子去蒂頭後洗淨，切滾刀塊；九層塔摘
取葉子洗淨備用。

❷ 茄子入鍋以7分熱油炸軟，撈出瀝乾油份
備用。

❸ 鍋中留2大匙油爆香蒜末、辣椒末，放入
茄子及調味料燴炒片刻，起鍋前撒入九層塔
葉拌勻即成。

空心菜炒皮蛋

[材料] 空心菜1把（半斤）、皮蛋2個、大蒜末3大匙

[調味] 米酒2大匙、鹽1/2小匙、糖1/2小匙

[做法]

❶ 空心菜摘除老葉，洗淨後切寸段。

❷ 皮蛋剝去外殼，切成小塊。

❸ 熱鍋加5大匙油爆香蒜末，放入皮蛋拌炒片刻後加入空心菜炒熟，最後以米酒、鹽、糖調味即成。

腐乳空心菜

[材料] 空心菜300公克（半斤）、蒜末1大匙

[調味] 腐乳醬1大匙、鹽1/3小匙

[做法]

❶ 空心菜摘除老梗，洗淨切寸段。

❷ 熱鍋加4大匙油爆香蒜末，以大火快炒空心菜至熟，加入調味料拌勻即成。

炒劍筍

[材料] 劍筍300公克（半斤）、豬肉絲75公克（2兩）、蒜末1大匙、辣椒1支、蔥2支

[調味1] 醬油1大匙、水2大匙、太白粉1/2小匙

[調味2] 黃豆豉醬或辣豆瓣醬1大匙、醬油2大匙、糖1/4小匙

[做法]

❶ 劍筍洗淨、蔥洗淨後切寸段、辣椒洗淨切斜片。

❷ 肉絲與調味料1拌勻備用。

❸ 熱鍋加5大匙油，放入肉絲炒至顏色轉白盛出，餘油爆香蒜末、辣椒後加入劍筍拌炒，放入肉絲、蔥段及調味料2拌勻即成。

脆炒鮮金針花

[材料] 新鮮金針300公克（半斤）、豬肉絲75公克（2兩）、薑絲1大匙

[調味] 鹽1/2小匙、雞粉1/2小匙、香油1大匙

[做法]

❶ 金針洗淨後瀝乾水份。

❷ 熱鍋加3大匙油炒香薑絲及肉絲，加入金針拌炒片刻，以鹽、雞粉、香油調味即成。

[小撇步]
■ 牛蒡含有「菊糖」和可促進荷爾蒙分泌的「精胺酸」，具增強體力及壯陽的功效。
■ 牛蒡含大量纖維質及鐵質，可促進大腸蠕動，很適合貧血及便祕者食用。

芝麻牛蒡

[材料] 牛蒡1根、熟白芝麻1小匙、柴魚片1小匙

[調味] 柴魚醬油3大匙、糖1小匙、味醂1大匙

[做法]

❶ 牛蒡洗淨去皮切成細絲，以醋水浸泡備用。

❷ 熱鍋加4大匙油，放入瀝乾的牛蒡絲拌炒至熟，加入調味料拌勻，盛盤前撒入白芝麻及柴魚片即可。

香辣海茸

[材料] 海茸300公克（半斤）、蒜末1大匙、辣椒1支、九層塔1把

[調味] 醬油2大匙、雞粉1小匙、香油1大匙

[做法]

❶ 海茸切小段，洗淨瀝乾水份；九層塔洗淨，摘取葉部備用。

❷ 熱鍋加4大匙油爆香蒜末、辣椒，放入海茸拌炒片刻。

❸ 加入水3大匙燜煮片刻至海茸熟軟，加入調味料拌勻，起鍋前撒入九層塔葉拌勻即可。

[小撇步] 海茸是生長在智利深海裡零污染的植物，含豐富的纖維質、礦物質等，是為健康食品。

7 豆腐玩蛋

Tofu & Egg

韭菜炒蛋

[材料] 韭菜225公克（6兩）、蛋3個
[調味] 鹽1/2小匙、雞粉1/2小匙
[做法]
❶ 韭菜去除老葉，洗淨切末。
❷ 蛋打入碗中攪散備用。
❸ 熱鍋加4大匙油，倒入蛋液炒至快要凝固時，放入韭菜末拌炒片刻，再加入調味料拌勻即成。

茭白筍炒蛋

[材料] 茭白筍2支、蛋3個、蔥花1小匙
[調味] 鹽1/2小匙、雞粉1/2小匙
[做法]
❶ 茭白筍洗淨，切斜片後切成細絲。
❷ 蛋打入碗中攪散備用。
❸ 熱鍋加4大匙油，先放入茭白筍絲炒軟，淋入蛋汁翻炒至快凝固時，加入調味料拌勻，起鍋前撒上蔥花即成。

魩仔魚炒蛋

[材料] 魩仔魚75公克（2兩）、蛋3個、蔥花1大匙

[調味] 鹽1/2小匙

[做法]

❶ 魩仔魚放入濾網中洗淨，瀝乾水份。

❷ 蛋打散後加入魩仔魚、蔥花拌勻備用。

❸ 熱鍋加4大匙油，淋入做法❷翻炒至蛋汁微乾，加鹽調味即成。

番茄炒蛋

[材料] 紅番茄2個、蛋3個、蔥花1小匙

[調味] 鹽1/2小匙、雞粉1/2小匙

[做法]

❶ 番茄洗淨去蒂,切成小塊。

❷ 蛋打入碗中攪散備用。

❸ 熱鍋加4大匙油,放入番茄炒至微軟,倒入蛋汁翻炒至快凝固時,加入調味料炒勻,起鍋前撒上蔥花即成。

[小撇步]
亦可將番茄先汆燙,剝去外皮再切塊。

享受隨手可得的即興佳餚

快炒秘訣　炒蛋篇
炒蛋時火力不需大,大約中小火即可,火力太大容易使蛋焦黑,過小則變得乾硬不軟嫩。小形狀的配料,像是蔥末,可以混合在蛋汁中一起下鍋味道更香。炒時不要炒至全熟,看起來已凝固無液狀時即須起鍋,因為內部的熱度會繼續將蛋烘至恰當的熟度。

[小撇步] 莧菜可改以菠菜或絲瓜替代，即為金銀菠菜、金銀絲瓜。

金銀莧菜

[材料] 皮蛋2個、生鹹鴨蛋2個、莧菜300公克（半斤）、蒜末1大匙
[調味] 鹽1/3小匙、雞粉1/3小匙

[做法]
❶ 莧菜去除硬梗及老葉，洗淨切寸段。
❷ 皮蛋去殼切片；生鹹鴨蛋打開，取出蛋黃切丁，蛋白打散備用。
❸ 熱鍋加5大匙油爆香蒜末，莧菜入鍋以大火快炒至軟，加入生蛋黃與皮蛋拌炒片刻。
❹ 淋入蛋白，待微凝固時略拌，加入調味料拌勻即成。

苦瓜鹹蛋

[材料] 苦瓜1/2條（大）、
鹹鴨蛋2個
[調味] 鹽1/3小匙

[做法]

❶ 苦瓜洗淨去除蒂及籽，切薄片後以滾水汆燙片
刻，取出瀝乾。

❷ 鹹蛋剝去外殼，切成小塊。

❸ 熱鍋加3大匙油，放入苦瓜及鹹蛋拌炒片刻，
加鹽拌勻調味即成。

[小撇步] 鹹蛋
如果很鹹則可不
需加鹽調味。

[小撇步] 菜脯不可浸泡太久，否則會失去香味；調味時應先嚐菜脯的鹹度，再決定鹽的份量。

菜脯蛋

[材料] 碎菜脯1/2碗、蛋4個、蔥末1大匙

[調味] 鹽1/3小匙

[做法]

❶ 菜脯洗淨後泡水5分鐘，撈出瀝乾水份。

❷ 蛋打散，加入菜脯、蔥末與鹽拌勻。

❸ 小平底鍋加入2大匙油燒熱，倒入做法❷以小火微烘凝固成圓片，兩面煎黃後，盛出切片排盤或整片裝盤皆可。

魚香烘蛋

[材料] 蛋6個、蔥末1大匙、薑末1大匙、蒜末1大匙

[調味] 酒1大匙、辣豆瓣醬1大匙、醬油1大匙、糖1/2小匙、水4大匙、太白粉1小匙

[做法]

❶ 蛋打散後加入2大匙水充分拌打1分鐘。

❷ 平底鍋加熱放入2大匙油燒熱，倒入蛋液蓋上鍋蓋以小火烘煎，待香味逸出即沿鍋邊加入油2大匙，翻面蓋上鍋蓋續以小火烘至蛋汁凝固，即可盛出切片或整片裝盤。

❸ 另熱鍋加2大匙油爆香蔥、薑、蒜末，沿鍋邊熗酒後加入辣豆瓣醬拌炒。

❹ 加入醬油、糖、水4大匙煮開，將太白粉調水勾薄芡，淋於烘蛋上即成。

湖南蛋

[材料] 白煮蛋2個、蔥末1大匙、辣椒末1大匙、豆豉1大匙

[調味] 醬油1大匙、胡椒粉1/3小匙

[做法]

❶ 白煮蛋去殼,以切蛋器切成片狀。

❷ 平底鍋加熱後放入2大匙油,將蛋片兩面煎黃後取出。

❸ 鍋中加1大匙油爆香蔥末、辣椒末、豆豉,放入煎黃的蛋片及調味料拌勻即成。

滑蛋蝦仁

[材料] 蝦仁150公克（4兩）、
蛋4個、蔥末1大匙

[調味1] 鹽1/4小匙、太白粉
1/4小匙、蛋白1/3個

[調味2] 鹽1/2小匙

[做法]

❶ 蝦仁洗淨去腸泥，用鹽稍抓洗後擦
乾水份，加入調味料1醃片刻，入鍋以
熱油快炒至變色，立刻撈出放涼備用。

❷ 蛋打散，加入蔥末、鹽1/2小匙及蝦
仁拌勻。

❸ 熱鍋加4大匙油，倒入做法❷快速拌
炒，至蛋汁快凝固時即可起鍋。

家常豆腐

[材料] 板豆腐2塊、黑木耳1片、紅蘿蔔片、筍片、九層塔、蔥段、薑片以上各適量

[調味1] 醬油2大匙、鹽1/3小匙、雞粉1/3小匙、水1杯

[調味2] 太白粉1/2小匙、香油1大匙

[做法]

❶ 木耳洗淨剝片、九層塔洗淨;每塊豆腐片薄成2片後再對切成三角形,入鍋炸成金黃色。

❷ 熱鍋加3大匙油,爆香蔥段、薑片後放入木耳片、筍片、紅蘿蔔片拌炒,放入炸好的豆腐及調味料1燒開並燜煮片刻。

❸ 太白粉調水加入勾薄芡,起鍋前撒上九層塔、淋上香油即成。

蚵燒豆腐

[材料] 嫩豆腐2盒、蚵300公克(半斤)、蔥末1大匙、薑末1大匙、蒜末1大匙

[調味] 蠔油3大匙、糖1/3小匙、太白粉1/2小匙、水1杯、蔥花少許

[做法]

❶ 蚵用手挑去硬殼,反覆沖洗乾淨後,入滾水汆燙片刻,撈出立刻以冷水沖涼,瀝乾水份。

❷ 豆腐切成姆指大小的方塊。

❸ 熱鍋加4大匙油爆香蔥、薑、蒜末,放入豆腐輕輕拌炒。

❹ 加入調味料燒開,改小火燜3分鐘,起鍋前放入蚵燴煮片刻,撒上蔥花即成。

麻婆豆腐

[材料] 板豆腐2塊、豬絞肉75公克（2兩）、蔥末1大匙、薑末1大匙、蒜末1大匙

[調味1] 辣豆瓣醬1大匙、酒1大匙、醬油2大匙、糖1/2小匙、水2杯

[調味2] 太白粉1小匙、蔥花少許

[做法]

❶ 豆腐切成小丁。

❷ 熱鍋加3大匙油爆香蔥、薑、蒜末，沿鍋邊熗酒，放入絞肉炒熟。

❸ 倒入豆腐拌炒片刻，加入調味料1煮開，改小火燜煮4分鐘。

❹ 太白粉調水加入勾薄芡，起鍋前撒上蔥花即成。

脆皮豆腐

[材料] 嫩豆腐1盒

[調味] 太白粉3大匙、泡打粉1/4小匙

[沾料] 胡椒鹽或五味醬少許

[做法]

❶ 豆腐切成方塊，以紙巾吸乾表面水份。

❷ 太白粉與泡打粉放入盤中混合拌勻。

❸ 鍋中油燒熱，取豆腐塊沾裹做法❷，入鍋以中大火（約170℃）炸至表面微黃，撈出瀝乾即成，食用時沾胡椒鹽或五味醬即可。

[小撇步]
- 豆腐沾裹粉料後要立刻下鍋，否則放久會反潮。
- 油溫要高、火要大，炸出來的豆腐才會外酥內嫩。

湖南前鋒菜

[材料] 五香豆乾6片、
紅辣椒1支、青辣椒1
支、豆豉1大匙、蝦米
1大匙
[調味] 醬油2大匙、胡
椒粉1/3小匙

[做法]

❶ 豆乾洗淨後切大丁。

❷ 紅辣椒、青辣椒洗淨切片、蝦米泡軟瀝乾水份。

❸ 熱鍋加3大匙油,放入豆乾丁以小火炒香至變黃。

❹ 加入蝦米、辣椒拌炒片刻即放入豆豉拌勻,再以
醬油、胡椒粉調味即成。

品 嘗 湖 南 小 炒 的 道 地 風 味

快炒秘訣 提味篇

快炒菜的配角,少不了重
口味的材料,除了蔥、
薑、大蒜、紅辣椒等常見
的香辛材料之外,豆豉、
蝦米、香菇、雪菜、榨菜
等具有特殊味道的傳統食
材,以及沙茶醬、甜麵
醬、豆乳醬等夠味的中式
醬料,應用都非常廣泛。
在熟悉各式主材料的特性
之後,如果能多了解這些
可幫助加分的配料,變化
菜色更能得心應手!

福州豆腐煲

[材料] 嫩豆腐2盒、小珠貝2大匙、小蝦仁2大匙、蟹腿肉2大匙、香菇2朵、秋葵3支

[調味1] 醬油3大匙、糖1/2小匙、水1又1/2杯、胡椒粉少許、香油1大匙

[調味2] 太白粉1/2小匙

[做法]

❶ 珠貝泡軟，蝦仁洗淨後去腸泥，香菇泡軟切丁，秋葵洗淨切片，豆腐切小丁。

❷ 熱鍋加4大匙油，炒香香菇後加入豆腐拌炒，放入調味料1、珠貝、蝦仁、蟹腿肉一起燜煮4分鐘。

❸ 盛入燒熱的煲鍋中續煮片刻，放入秋葵，太白粉調水加入勾薄芡即成。

品味絕美的傳統風味

快炒秘訣—豆腐篇

傳統獨樹一格的道地美味，大多是使用常見的材料。市場裡不起眼的豆腐，經過一番巧手也能千變萬化出各式佳餚美饌。嫩豆腐雖然易碎，但因為含水量多炒來特別的軟嫩順口，稍微煎或炸過更是豆香濃郁中透著一股柔軟本性；而老豆腐、凍豆腐因孔洞多，極易吸收湯汁，很適合燴煮或煲湯，可賦予單純豆香以外的濃郁風味。

炒出食物的
鮮美原味

〔食材增鮮小秘訣〕

肉類Meat

大多數的人都以為鮮味就是因為夠新鮮,認為屠宰後立刻食用的肉品新鮮度最高,吃起來一定最為鮮美,其實,肉類在剛屠宰之後,味道並不是最鮮美的,肉的鮮味來自於肌肉裡的酵素作用,也就是說,好吃的肉必須經過一段時間「熟成」。影響熟成的因素在於時間與溫度,溫度越高熟成所需的時間越短,所以,在肉品下鍋之前必須拿捏熟成的程度。

掌握最佳下鍋時機

在傳統市場裡購買的肉品,因為沒有經過低溫處理,豬肉最好的時間是半天,相當於上午買、晚上下鍋,或是下午買,隔天中午下鍋,味道是最好的;牛肉則需要隔天味道最好;雞、鴨類等家禽類的熟成期短,適合現買現下鍋。超市所販賣的肉品都會經過低溫處理,以標示的宰殺日期推算,豬肉以4日後為最佳;牛肉則是2星期左右為最佳。快炒所用的肉類在熟期之後以不超過3天為宜,久了鮮度與肉質的彈性都會降低而影響風味。

選擇最適合的部位

不同的肉類適合炒的部位也不同,原因主要在於脂肪與結締組織的比例不同,快炒之後所呈現出來的嫩度也會有差別,豬肉以背脊部的肉最適合炒,牛肉則要選擇腰部,家禽類的肉質差異並不大,不過一般以胸肉較為方便分切。肉類在下鍋炒時火候不需太大,也不宜炒過久,否則蛋白質凝固後組織會緊縮而變硬。

海鮮Seafood

現買現吃嘗原味

要品嘗海鮮的原味，原則就是當天買、當天吃，不論是魚或是其他海味在隔天之後，鮮度都會明顯的下降，炒起來軟軟的，一點彈性都沒有。去過海產店都知道吃海鮮最好能現殺，因為海鮮類的鮮度從死掉之後幾乎可說是以等比的速度流失，這就是為何饕客們都愛往海港尋覓美食的原因。

搭配具有增鮮效果的材料

如果無法買到活海鮮，還是有些小方法可以增加吃起來的鮮度，以烹調來說，最常用的方法就是利用能增鮮的材料稍微醃過再下鍋，蔥、薑、白胡椒、酒都是具有增鮮作用的材料，而且同時也具有去腥、增香的效果。

蔬菜Vegetables

以生長方式保存

蔬菜即使從田裡摘起來仍然具有呼吸、代謝等作用，所以保存的方法適不適當便會直接影響到鮮度。保存時應依照蔬菜原本生長的姿態，如果將蔬菜橫放或倒放，都會加速老化而流失美味。例如胡蘿蔔、芋頭類生長在泥土中的蔬菜，以沾著泥土的狀態保存最佳，一定要下鍋時才清洗；蘆筍、菠菜等葉菜類，最好以直立的方式保存才恰當。

選擇適合的保存環境

蔬菜並不一定放進冰箱就能保存鮮度，不同的蔬菜都有適合保存的溫度，依照不同的性質來保存，才能妥善留住蔬菜的鮮度與營養。像蕃茄、茄子和葉菜類蔬菜應維持在6℃左右，如果溫度過低，就會凍傷，導致變色變味。小黃瓜、四季豆等瓜果、豆莢類適合4℃左右；馬鈴薯、地瓜、蘿蔔、洋蔥等根莖類和南瓜則不適合存放在冰箱，應放在陰涼通風處保存。

{ 自家廚房**快炒妙招** }

如何以瓦斯爐取代快速爐Stove

常常有人覺得家裡炒得菜就是沒有外頭餐廳裡的好吃，這可不是因為餐廳的師父有什麼家傳秘方，純粹是因為營業所用的快速爐火力比家裡的瓦斯爐強，大大地縮短了食物烹調的時間，食物的水分不會因為加熱而流失，因此可以保留住更多的鮮與脆。

控制火力與烹調的時間

既然好吃的原因在於火力與烹調的時間，那麼雖然家裡沒有快速爐，但只要能滿足這兩點要求，還是可以達到相同的效果。首先要拿捏熱鍋的時間，入油之前先以中火將鍋燒熱，入油之後再以稍大於中火的火力煮一下，讓油充分地吸收熱（油面產生細波紋但不起煙為佳）之後再轉大火將材料投入快速的拌炒。快速的翻炒與切成相同的大小都可以讓材料受熱均勻，如此才能有效縮短加熱時間，同時避免生熟不一的狀況。

去除材料表面的水分

材料在下鍋前充分去掉水分也可以縮短烹調的時間，水分在碰到油之後會吸收熱度而蒸發，因此越多水分就會消耗更多的熱力，相對的使材料更不容易快速炒熟。

油品的選擇Oil

動物油溫度高

不同的油具有不同的性質，炒出來的菜自然也會有差異。動物性的油沸點比較植物油高，也就是說可以加熱到較高的溫度，用來炒菜，食物也會更快熟，這就是為什麼豬油炒菜總是比沙拉油好吃的原因。動物性油脂的缺點是所含的飽和脂肪酸容易導致心血管疾病，因此基於健康的考量大多不鼓勵使用動物油炒菜，但因為它又具有植物油所沒有的香氣，還是不容我們否認用來炒菜最好吃的事實。

選擇適合炒的植物油

植物油的種類很多，加熱時穩定度比動物油低容易變質，其中橄欖油、麻油、花生油、苦茶油等屬於拌油（涼拌、調醬或起鍋後淋上用油），並不適合高溫炒菜使用，炒菜則以黃豆油、玉米油、葵花油三種性質與味道較適合，用動物油炒蔬菜時，應該先放鹽，這樣可以減少有機氯的殘留，而用植物油則應先放菜，這樣才可以減少營養成份的流失。

鍋具的選擇與保養Pot

炒菜好不好吃，使用的鍋具也會有所影響，中國人嗜食熱炒菜，數千年飲食文化所傳下來不同於其他飲食文化的「炒菜鍋」，自有其成型的淵源，炒菜鍋底部圓弧的造型可以將火力集中，可說是針對炒菜而設計的鍋具，同理，平底造型的鍋具會使火力分散，並不適合用來炒菜。

炒菜鍋選擇適合的口徑

炒菜鍋的大小也會影響食物的受熱，因此選購時也要一平時炒菜的份量來選擇，一般家庭所用的炒菜鍋（口徑約40～45公分），是為了功能較多元化而設計（可以兼具蒸、炸等功能），如果單看炒的功能，對於普通一盤菜的份量算是過大了，以過大的鍋炒菜會使一部分的熱力散失，無法完全被食物吸收，造成浪費，建議家中可以準備一個小型的炒菜鍋（口徑約30公分）專供炒菜用，不但可以省瓦斯，同時也能方便翻炒。

徹底清洗去除異味

鍋具每天與油為伍，難免產生一層油垢，陳年的油垢會有油臭味，很容易沾染在食物上而影響風味，可以用檸檬沾少許鹽巴摩擦去除。使用後清洗時，盡量避免使用圓棕刷或鐵刷以免刮傷鍋子，使油污更容易附著，應該以海綿沾中性清潔劑輕輕刷洗，洗淨後最好擦乾水分再吊掛起來徹底風乾，才不會產生異味。

﹝快炒食材的**前處理**﹞

蔬菜Vegetable

蔬菜類處理的大原則就是下鍋前才分切，否則營養素會流失，尤其忌諱在切了之後清洗，那麼營養幾乎所剩無幾了，許多根莖類的蔬菜還會氧化變色，不但沒營養了，連外觀都嚴重打了折扣。

清洗

葉菜類容易在細縫裡藏有小石頭或小蟲，清洗時要特別多沖洗幾次，最好能以鹽水稍微浸泡一下，這樣菜葉裡的蟲子就會受到鹽分刺激而浮出水面，吃起來就安心多了（鹽量不要過重，否則會脫水變軟）。

刀工

蔬菜類的食材以切片或切絲這樣的形狀容易均勻受熱為較佳。易熟的瓜果、根莖類像是茄子、絲瓜也適合切塊；不容易熟的材料例如蘆筍應該先汆燙過再下鍋炒，滋味較為脆嫩；葉菜類最好以手撕，也不要處理得太小，營養的流失與破碎的表面積大小成正比，所以絲得越細碎，養分流失也越快速。具有硬梗的葉菜，切時要分開葉與梗，炒時將硬梗先下鍋，才能使熟度相同。

肉類Meat

解凍

時常看到將肉類投入水中泡水的解凍方式，這麼做大多是因為貪快，其實是非常因小失大的做法，泡水的肉會吸收過多的水分，造成不容易入味與加熱後出水的後果，正確的解凍方式應是提早移入冷藏室裡退冰，如果真的非常急迫，也要至少包兩層塑膠袋再泡水。

刀工

整塊的肉也是要先洗再進行切割，否則不但營養流失，炒後的味道與口感都會變差。肉塊是由肌肉纖維所組成，有一定的肌理紋路，一般為了提高嫩度會選擇逆紋切割，切斷肌纖維以避免受熱收縮而變硬，尤其是在切片的時候，順紋與逆紋的兩種不同切法炒後的差距最為明顯。切較細的絲會選擇順紋的方式切，肉絲才不會炒兩下就斷裂成肉末影響菜相。

海鮮Seafood

清洗

海鮮類的處理首重徹底清除內臟，而且要眼明手快，海鮮的內臟腥味都很重，如果破裂沾上的話，即使再多的蔥、薑都掩蓋不了那股壞味道，幾乎可說是──壞的開始就是失敗的全部，因此清除的時候一定非常小心。

泡水

購買活海鮮，回來要繼續泡水（講究一點可以用隔夜水，避免水中的氯影響風味），免得還沒下鍋就死掉徒勞一場。海水品種泡水時要以少量的鹽調製成它原生的環境。

刀工

海鮮類的切割大多有固定的模式，不外乎切塊與切片，較講究的像是花枝、魷魚常會切花片，受熱後會自然向外捲曲成花瓣狀，所以花片切的是內側那一面，去除外膜之後以對角的方向畫出刀紋再斜刀切片即可。蝦子如果要看起來大，可以從背部切開，一方面方便去腸泥，炒過之後形狀既大又漂亮。

豆類製品Bean Products

豆類製品琳瑯滿目，型態也不盡相同，處理的方法大體上多是泡水以增加嫩度。乾製的像是百頁、腐竹需要以小蘇打水泡發；各式豆腐烹調時若不加注意，極易煮碎，欲防止豆腐破碎，可先浸於鹽水中二、三十分鐘，切豆腐時，在刀面上抹一點油切會較順且不易破；炒豆乾可以切片或切丁，正式下鍋炒之前油炸一遍，豆香比較濃郁；油豆腐可先以溫水泡一下去油膩；干絲則可以汆燙過味道更好。

增鮮加味的簡便醃料

魚類

配方：鹽1小匙、胡椒粉1/2小匙，用於醃中型魚1隻或小型魚2隻

鹽與胡椒是醃魚最基本的材料，能去除腥味、增加鮮度，並使魚肉具有鹹味，以避免短時間烹調不入味。

雞肉

配方：醬油3大匙、酒1大匙、蒜末1小匙、糖1/2小匙、五香粉少許，用於醃雞胸肉1副或雞腿2隻

醬油、五香粉與糖可以增加雞肉的香味，烹調後更具美味，同時也賦予紅潤的色澤，讓雞肉顏色不會過白而影響菜相的吸引力。

豬肉

配方：水4大匙、太白粉1大匙、香油1小匙、鹽1/2小匙、胡椒粉1/2小匙，用於醃300公克（半斤）的豬肉絲或絞肉

太白粉與水皆能增加肉質的柔軟度，同時在肉表面形成保護膜，避免過油時失去水分而變得乾澀，使烹調後更加滑嫩可口。

牛肉

配方：酒1大匙、太白粉1小匙、小蘇打粉1/2小匙、水4大匙，用於醃300公克（半斤）的牛肉絲或牛肉片

小蘇打粉可以軟化牛肉纖維，表面沾上太白粉能防止牛肉受熱過分收縮，兩者均能使牛肉更加軟嫩。

海鮮

配方：酒3～4大匙、蔥末1小匙、蒜末1小匙、薑末1/2小匙，用於醃300公克（半斤）的海鮮

酒加上適量的蔥、薑、蒜（香辛料）可以幫助去除海鮮的腥味，同時具有提味、增鮮的作用，使海鮮更具風味。

台北市建國南路二段181號8樓
http://redbook.com.tw
TEL：2708-4888　FAX：2707-4633

COOK50系列

COOK50001	做西點最簡單	賴淑萍著	定價280元
COOK50002	西點麵包烘焙教室 —— 乙丙級烘焙食品技術士考照專書	陳鴻霆、吳美珠著	定價480元
COOK50003	酒神的廚房	劉令儀著	定價280元
COOK50004	酒香入廚房	劉令儀著	定價280元
COOK50005	烤箱點心百分百	梁淑嫈著	定價320元
COOK50006	烤箱料理百分百	梁淑嫈著	定價280元
COOK50007	愛戀香料菜	李櫻瑛著	定價280元
COOK50008	好做又好吃的低卡點心	金一鳴著	定價280元
COOK50009	今天吃什麼 —— 家常美食100道	梁淑嫈著	定價280元
COOK50010	好做又好吃的手工麵包 —— 最受歡迎麵包大集合	陳智達著	定價320元
COOK50011	做西點最快樂	賴淑萍著	定價300元
COOK50012	心凍小品百分百 —— 果凍・布丁（中英對照）	梁淑嫈著	定價280元
COOK50013	我愛沙拉 —— 50種沙拉・50種醬汁（中英對照）	金一鳴著	定價280元
COOK50014	看書就會做點心 —— 第一次做西點就OK	林舜華著	定價280元
COOK50015	花枝家族 —— 透抽軟翅魷魚花枝章魚小卷大集合	邱筑婷著	定價280元
COOK50016	做菜給老公吃 —— 小倆口簡便省錢健康浪漫餐99道	劉令儀著	定價280元
COOK50017	下飯ㄟ菜 —— 讓你胃口大開的60道料理	邱筑婷著	定價280元
COOK50018	烤箱宴客菜 —— 輕鬆漂亮做佳餚（中英對照）	梁淑嫈著	定價280元
COOK50019	3分鐘減脂美容茶 —— 65種調理養生良方	楊錦華著	定價280元
COOK50020	中菜烹飪教室 —— 乙丙級中餐技術士考照專書	張政智著	定價480元
COOK50021	芋仔蕃薯 —— 超好吃的芋頭地瓜點心料理	梁淑嫈著	定價280元
COOK50022	每日1,000Kcal瘦身餐 —— 88道健康窈窕料理	黃苡菱著	定價280元
COOK50023	一根雞腿 —— 玩出53種雞腿料理	林美慧著	定價280元
COOK50024	3分鐘美白塑身茶 —— 65種優質調養良方	楊錦華著	定價280元
COOK50025	下酒ㄟ菜 —— 60道好口味小菜	蔡萬利著	定價280元
COOK50026	一碗麵 —— 湯麵乾麵異國麵60道	趙柏淯著	定價280元
COOK50027	不失敗西點教室 —— 最容易成功的50道配方	安　妮著	定價320元
COOK50028	絞肉の料理 —— 玩出55道絞肉好風味	林美慧著	定價280元
COOK50029	電鍋菜最簡單 —— 50道好吃又養生的電鍋佳餚	梁淑嫈著	定價280元
COOK50030	麵包店點心自己做 —— 最受歡迎的50道點心	游純雄著	定價280元
COOK50031	一碗飯 —— 炒飯健康飯異國飯60道	趙柏淯著	定價280元
COOK50032	纖瘦蔬菜湯 —— 美麗健康、美麗防癌蔬菜湯	趙思姿著	定價280元
COOK50033	小朋友最愛吃的菜 —— 88道好做又好吃的料理點心	林美慧著	定價280元
COOK50034	新手烘焙最簡單 —— 超詳細的材料器具全介紹	吳美珠著	定價350元
COOK50035	自然吃・健康補 —— 60道省錢全家補菜單	林美慧著	定價280元
COOK50036	有機飲食的第一本書 —— 70道新世紀保健食譜	陳秋香著	定價280元

TASTER系列

TASTER001	冰砂大全 —— 112道最流行的冰砂	蔣馥安著	特價199元
TASTER002	百變紅茶 —— 12道最受歡迎的紅茶・奶茶	蔣馥安著	定價230元
TASTER003	清瘦蔬果汁 —— 112道瘦瘦變漂亮的果汁	蔣馥安著	特價169元
TASTER004	咖啡經典 —— 113道不可錯過的冰熱咖啡	蔣馥安著	定價280元
TASTER005	瘦身美人茶 —— 超強效減脂茶譜90道	洪依蘭著	定價199元
TASTER006	養生下午茶 —— 70道美容瘦身調養的飲食＆茶點	洪偉峻著	定價230元

輕鬆做系列

輕鬆做001	涼涼的點心	喬媽媽著	特價99元
輕鬆做002	健康優格DIY	陳小燕、楊三連著	定價150元

QUICK系列

QUICK001	5分鐘低卡小菜 —— 簡單・夠味・經典小菜113道	林美慧著	特價199元

國家圖書館出版品預行編目資料

10分鐘家常快炒-簡單‧經濟‧方便菜100道
林美慧著,徐博宇攝影.—初版.
—台北市:朱雀文化,2002〔民91〕
　面;　公分. —（QUICK系列:002）
ISBN 957-0309-77-6（平裝）
1.食譜

427.1　　　　　　　　　　　91018595

QUICK 002

簡單‧經濟‧方便菜100道

作　　者	林美慧
攝　　影	徐博宇
烹飪助理	劉麗玉
編　　輯	櫻桃紅、劉淑蘭
版面構成	葉盈君
封面設計	董　筠
版面編排	EyesDesign Unit
企畫統籌	李　橘
出 版 者	朱雀文化事業有限公司
地　　址	北市基隆路二段13-1號3樓
電　　話	02-2345-3868
傳　　真	02-2345-3828
劃撥帳號	19234566 朱雀文化事業有限公司
e-mail	redbook@ms26.hinet.net
網　　址	http://redbook.com.tw
總 經 銷	展智文化事業股份有限公司
I S B N	957-0309-77-6
初版一刷	2002.11
初版六刷	2006.09
定　　價	230元
特　　價	199元
出版登記	北市業字第1403號